AF381270

Thierry VELU

Le mystère des séismes

Un Guide pour tous

ISBN : 978-2-3225-5566-6

© Thierry VELU, 2024

Édition : BoD • Books on Demand GmbH, In de Tarpen 42, 22848 Norderstedt (Allemagne)

Impression : Libri Plureos GmbH, Friedensallee 273, 22763 Hamburg (Allemagne)

Dépôt légal : Août 2024

Illustration de couverture : GSCF - Séisme en Haïti

Du même auteur

Sauveteurs de la dernière chance
Éditions Les 2 Encres, 2003

Séismes et autres catastrophes : sommes-nous préparés ?
Éditions Les 2 Encres, 2005

26 décembre 2004, Tsunami, le jour où la mer a tué
Éditions Les 2 Encres, 2005

Un monde plus juste pour demain… c'est possible, le sais-tu ?
Éditions Henry, 2007

L'avenir, quel devenir ?
L'homme face aux catastrophes naturelles
Éditions Les 2 Encres, 2010

Si vous saviez ! La rue, une réalité
Éditions Les 2 Encres, 2014

La mascarade démasquée - *Éditions BoD, 2020*

L'humanitaire expliqué aux enfants - *Éditions BoD, 2020*

SOMMAIRE

**Mon engagement au service de la prévention
et du secours**

« Quelles que soient les mesures prises,
une catastrophe frappe n'importe où dans le monde,
touche toutes les classes de nos sociétés,
et dépasse toujours les moyens de prévention
ou de secours disponibles. »

Thierry Velu

PRÉAMBULE

Les séismes, ces manifestations soudaines et brutales de la puissance terrestre, ont toujours fasciné et effrayé l'humanité. Depuis des millénaires, ils ont façonné notre planète, modifié des paysages entiers et, parfois, anéanti des civilisations. Pourtant, ce ne sont pas uniquement les forces naturelles qui font des tremblements de terre des événements si destructeurs. La main de l'homme, par son urbanisation effrénée et souvent imprudente, a contribué à amplifier les effets dévastateurs de ces catastrophes naturelles.

Facile à lire, cet ouvrage est accessible à tous et vous permettra d'interpréter certains faits liés aux séismes. Il s'adresse non seulement aux curieux et aux passionnés de la nature, mais aussi aux secouristes intervenant lors de catastrophes, afin qu'ils puissent mieux comprendre et analyser les phénomènes sismiques. Il semble en effet logique que les membres d'un groupe de secours disposent d'une connaissance approfondie des situations qu'ils rencontreront sur les lieux d'une catastrophe. Le succès d'une intervention de secours est rarement le fruit du hasard.

CHAPITRE 1
Les mécanismes des séismes

Les séismes, ou tremblements de terre, sont parmi les phénomènes naturels les plus impressionnants et les plus destructeurs. Comprendre les mécanismes qui les provoquent est essentiel pour appréhender leur force et leur impact sur notre planète. Dans ce chapitre, nous explorerons les causes profondes des séismes, leur origine géologique, et les processus par lesquels ils se manifestent.

1.1. La structure de la terre

Pour comprendre les séismes, il est d'abord nécessaire de connaître la structure de notre planète.

La Terre est composée de plusieurs couches :

• **La croûte terrestre**, appelée aussi **écorce terrestre**, est la couche la plus externe, solide et rigide, dont l'épaisseur varie de 5 kilomètres sous les océans à 70 kilomètres sous les montagnes continentales.

• **Le manteau terrestre** est la couche située sous la croûte terrestre, s'étendant sur environ 2 900 kilomètres de profondeur. Constitué de roches en fusion partielle, appelées magma, il représente environ 82 % du volume total de la Terre. Le manteau joue un rôle crucial dans la dynamique des plaques tectoniques et le transfert de chaleur depuis l'intérieur de la planète.

• **Le noyau** : Le centre de la Terre, divisé en deux parties : le noyau externe, liquide, et le noyau interne, solide, composé principalement de fer et de nickel.

1.2. Les plaques tectoniques et leur mouvement

La théorie des plaques tectoniques est fondamentale pour comprendre les séismes. La croûte terrestre n'est pas une structure unique, mais est composée de plusieurs plaques rigides qui flottent sur le manteau, en perpétuel mouvement. Ces plaques, appelées plaques tectoniques, se déplacent à la surface de la Terre à une vitesse de quelques centimètres par an, poussées par les courants de convection dans le manteau.

Les mouvements des plaques peuvent prendre différentes formes.

• **Divergence** : Lorsque deux plaques s'éloignent l'une de l'autre, créant une nouvelle croûte terrestre. C'est ce qui se produit au niveau des dorsales océaniques, où le magma remonte à la surface pour former de nouvelles zones de croûte.

• **Convergence** : Lorsque deux plaques se dirigent l'une vers l'autre. Une plaque peut alors plonger sous l'autre dans un processus appelé subduction, ou bien elles peuvent se plier et former des chaînes de montagnes.

• **Coulissage :** Lorsque deux plaques glissent latéralement l'une par rapport à l'autre le long d'une faille. C'est le cas de la célèbre faille de San Andreas en Californie.

1.3. Les foyers sismiques et l'épicentre

Lorsque les tensions accumulées par les mouvements des plaques deviennent trop importantes, elles se libèrent soudainement, provoquant un séisme. Cette libération d'énergie se produit le long de failles, des fractures dans la croûte terrestre où les blocs de roche se déplacent.

• **Le foyer sismique :** C'est le point à l'intérieur de la Terre où se produit la rupture initiale. C'est de ce point que l'énergie sismique se propage sous forme d'ondes.

• **L'épicentre :** C'est le point situé à la surface de la Terre directement au-dessus du foyer sismique. C'est souvent à l'épicentre que les secousses sont les plus violentes.

1.4. Les ondes sismiques

Lors d'un séisme, l'énergie libérée se propage sous forme d'ondes sismiques. Il existe trois principaux types d'ondes sismiques :

Ondes P (primaires) : Ce sont les premières ondes à être enregistrées par les sismographes lors d'un séisme. Les ondes P sont des ondes de compression, ce qui signifie qu'elles se déplacent en compressant et en dilatant les matériaux qu'elles traversent, un peu comme un ressort. Elles se propagent à travers les solides, les liquides et les gaz, et se déplacent plus rapidement que les autres types d'ondes sismiques, ce qui les rend utiles pour une détection précoce des séismes.

Ondes S (secondaires) : Arrivant après les ondes P, les ondes S se déplacent plus lentement et provoquent des mouvements perpendiculaires à la direction de propagation, créant des secousses latérales. Ce sont des ondes cisaillantes, ce qui signifie qu'elles déplacent les particules du sol perpendiculairement à la direction de l'onde. Contrairement aux ondes P, les ondes S ne se propagent pas dans les liquides, ce qui permet de différencier les différentes couches de la Terre.

Ondes de surface : Ces ondes se déplacent le long de la surface terrestre et sont souvent responsables des plus grands dommages lors d'un séisme. Elles incluent les ondes de **Love (ondes L)** et les ondes de **Rayleigh (ondes R)**, qui provoquent respectivement des mouvements horizontaux et verticaux. Les ondes de Love, se déplaçant horizontalement, secouent le sol de manière latérale, tandis que les ondes de Rayleigh provoquent un mouvement ondulatoire, similaire à celui d'une vague, combinant des déplacements verticaux et horizontaux. Ces mouvements complexes à la surface de la Terre rendent les ondes de surface particulièrement destructrices pour les structures humaines.

1.5. Mesurer un séisme : Magnitude et Intensité

Pour quantifier les séismes, plusieurs échelles et méthodes sont utilisées, chacune ayant ses spécificités et son domaine d'application.

Échelle de Richter (Magnitude Locale, ML) : Historiquement, l'échelle de Richter a été la première à être utilisée pour mesurer la magnitude des séismes. Elle se base sur l'amplitude des ondes sismiques enregistrées par un sismographe. Bien qu'elle soit toujours utilisée pour les petits à moyens séismes, elle tend à saturer pour les très grands séismes (magnitude supérieure à 7).

Échelle de Magnitude de Moment (Mw) : Aujourd'hui, l'échelle de magnitude de moment est la plus couramment utilisée, notamment pour les grands séismes. Elle mesure l'énergie totale libérée par un séisme en prenant en compte la surface de la faille, le déplacement des roches, et leur rigidité. Contrairement à l'échelle de Richter, elle ne sature pas pour les séismes de grande magnitude, ce qui la rend plus précise.

Échelle d'Intensité de Mercalli Modifiée (MMI) : Contrairement aux échelles de magnitude qui mesurent l'énergie d'un séisme, l'échelle de Mercalli modifiée évalue l'intensité en fonction des effets observés sur les personnes et les structures. Elle utilise une échelle allant de I (non ressenti) à XII (destruction totale) et est particulièrement utile pour décrire l'impact local d'un séisme.

Échelle de Magnitude de Surface (Ms) : Cette échelle mesure la magnitude d'un séisme en se basant sur l'amplitude des ondes de surface, telles que les ondes de Love et de Rayleigh. Bien qu'elle soit moins couramment utilisée aujourd'hui, elle reste pertinente pour certains types de séismes.

Échelle de Magnitude du Corps (Mb) : Utilisée pour mesurer les séismes en se basant sur les ondes de volume (ondes P et S) qui traversent la Terre. Cette échelle est particulièrement utile pour les séismes profonds.

Échelle de Magnitude de Durée (Md) : Cette méthode estime la magnitude d'un séisme en fonction de la durée pendant laquelle les secousses sont enregistrées. Elle est souvent utilisée pour les petits séismes ou les répliques.

Chacune de ces échelles et méthodes apporte une perspective différente sur les séismes, permettant aux scientifiques de mieux comprendre et de quantifier les événements sismiques en fonction de leur taille, de leur profondeur, et de leurs effets sur la surface terrestre.

CHAPITRE 2
Les séismes à travers l'histoire

Les séismes ont marqué l'histoire humaine de manière indélébile, laissant derrière eux des traces dans les paysages, les cultures, et les mémoires collectives. Ce chapitre explore certains des séismes les plus dévastateurs de l'histoire, en mettant en lumière non seulement les forces naturelles en jeu, mais aussi les conséquences sociales, économiques et politiques qu'ils ont engendrées. À travers ces récits, nous verrons comment l'humanité a réagi face à ces catastrophes et ce qu'elle a appris (ou parfois négligé d'apprendre) pour mieux se préparer à l'avenir.

2.1. Le séisme de Lisbonne (1755)

Le séisme de Lisbonne, survenu le 1ᵉʳ novembre 1755, est l'un des plus dévastateurs de l'histoire moderne. Avec une magnitude estimée à environ 8,5 à 9, il a presque entièrement détruit la capitale portugaise. Le séisme a été suivi d'un tsunami et d'incendies, aggravant encore les destructions. En quelques minutes, une ville prospère et influente s'est transformée en un amas de ruines.

Cet événement a eu un impact profond non seulement sur Lisbonne, mais aussi sur la pensée philosophique et scientifique de l'époque. Il a contribué à l'émergence de la sismologie en tant que science et a suscité des débats sur la nature des catastrophes naturelles et la responsabilité divine. Le marquis de Pombal, alors Premier ministre, a joué un rôle clé dans la reconstruction de la ville, en introduisant des mesures de sécurité antisismique qui ont marqué le début d'une nouvelle ère en matière de prévention des catastrophes.

2.2. Le séisme de San Francisco (1906)

Le tremblement de terre de San Francisco du 18 avril 1906 reste l'un des événements les plus célèbres de l'histoire sismique américaine. Avec une magnitude d'environ 7,9, ce séisme a provoqué des destructions massives non seulement à cause des secousses, mais aussi en raison des incendies qui ont suivi, ravageant une grande partie de la ville.

Le séisme de San Francisco a mis en lumière la vulnérabilité des grandes villes face aux tremblements de terre, en particulier en raison de la densité de population et des infrastructures fragiles. Cet événement a également conduit à d'importantes réformes dans la construction et la planification urbaine, ainsi qu'à une prise de conscience accrue de la nécessité de préparer les populations et les autorités locales aux situations d'urgence.

2.3. Le séisme du Grand Kanto (1923)

Le séisme du Grand Kanto, survenu le 1ᵉʳ septembre 1923, a frappé la région de Tokyo-Yokohama au Japon avec une magnitude de 7,9. Ce tremblement de terre a provoqué l'effondrement de nombreux bâtiments, mais c'est surtout l'incendie qui a suivi qui a causé la majorité des victimes, avec des vents forts alimentant les flammes à travers les quartiers densément peuplés.

Les effets sociaux de ce séisme ont été profonds. En plus des pertes humaines et matérielles massives, le séisme a déclenché une vague de violence contre les minorités coréennes et d'autres groupes, révélant les tensions sociales sous-jacentes dans la société japonaise de l'époque. Sur le plan politique, il a conduit à une refonte de la politique de prévention des catastrophes au Japon, avec des améliorations significatives dans les normes de construction et la planification urbaine.

2.4. Le séisme de Valdivia (1960)

Le séisme de Valdivia au Chili, survenu le 22 mai 1960, est le plus puissant jamais enregistré, avec une magnitude de 9,5. Il a provoqué des destructions considérables au Chili, mais aussi un tsunami qui a traversé l'océan Pacifique, touchant des régions aussi éloignées que Hawaï, le Japon et les Philippines.

Ce séisme est un exemple frappant de la puissance des forces tectoniques et de la capacité d'un tremblement de terre à avoir des effets globaux. La réponse du Chili à cette catastrophe a été marquée par un fort esprit de résilience, mais aussi par une reconnaissance des défis énormes posés par de telles catastrophes naturelles. L'événement a également conduit à une meilleure compréhension des risques sismiques dans les régions du monde sujettes aux séismes, et à l'amélioration des systèmes d'alerte au tsunami.

2.5. Le séisme de Tōhoku (2011)

Le séisme de Tōhoku, qui a frappé le Japon le 11 mars 2011, avec une magnitude de 9,0, a non seulement provoqué des destructions massives dans la région nord-est du pays, mais a aussi déclenché un tsunami dévastateur qui a entraîné la catastrophe nucléaire de Fukushima.

Ce séisme a mis en lumière les vulnérabilités même dans un pays aussi bien préparé que le Japon. Les conséquences à long terme de la catastrophe de Fukushima ont eu un impact global sur les politiques énergétiques et la perception du risque nucléaire. De plus, cet événement a souligné l'importance d'une réponse rapide et coordonnée face aux catastrophes naturelles, ainsi que la nécessité d'améliorer continuellement les infrastructures et les systèmes d'alerte.

CHAPITRE 3
L'urbanisation et les séismes

Les séismes sont des phénomènes naturels inévitables, mais l'ampleur de leurs conséquences est souvent aggravée par les activités humaines, en particulier par l'urbanisation. Ce chapitre examine comment la croissance rapide des villes, souvent non planifiée et anarchique, influence la vulnérabilité des populations aux tremblements de terre. Nous explorerons les défis posés par l'urbanisation dans les zones sismiques et les mesures qui peuvent être prises pour réduire les risques.

3.1. Urbanisation et risque sismique

L'urbanisation, définie comme l'expansion des zones urbaines en raison de l'augmentation de la population, est un phénomène mondial en constante progression. Dans de nombreuses régions, cette croissance est rapide et parfois incontrôlée, ce qui conduit à la construction de bâtiments et d'infrastructures dans des zones qui n'ont pas été correctement évaluées pour leur risque sismique.

Les séismes sont particulièrement destructeurs dans les zones où les bâtiments ne sont pas conçus pour résister aux secousses. Dans les pays en développement, où la régulation en matière de construction est souvent laxiste ou inexistante, de nombreux bâtiments sont construits avec des matériaux de faible qualité et sans respect des normes de sécurité antisismique. Même dans les pays développés, l'expansion urbaine rapide peut conduire à des situations où les infrastructures sont exposées à des risques non anticipés.

3.2. Les leçons des séismes passés

Les séismes historiques ont montré à maintes reprises que les zones urbaines mal planifiées sont extrêmement vulnérables aux tremblements de terre. Par exemple :

Le séisme de Mexico (1985) : Ce séisme a révélé les faiblesses des constructions dans une ville construite sur un ancien lac. Les bâtiments se sont effondrés en raison de la mauvaise qualité des matériaux et du manque de respect des normes de construction. Ce désastre a conduit à une révision des codes de construction au Mexique, mais a également montré à quel point une mauvaise planification urbaine peut aggraver les effets d'un séisme.

Le séisme de Port-au-Prince (2010) : En Haïti, un pays où l'urbanisation est souvent chaotique, le séisme de magnitude 7,0 a causé une dévastation massive. La plupart des bâtiments n'étaient pas construits pour résister à un tremblement de terre, ce qui a entraîné l'effondrement de nombreuses structures et une perte en vies humaines catastrophique. Ce séisme a mis en lumière les dangers d'une urbanisation non contrôlée dans les régions à risque sismique.

3.3. Construire pour résister aux séismes

La construction parasismique est essentielle pour minimiser les dégâts lors d'un séisme. Les bâtiments doivent être conçus pour absorber et dissiper l'énergie sismique, ce qui permet de réduire le risque d'effondrement et de protéger les vies humaines. Les techniques utilisées incluent l'emploi de matériaux flexibles, la mise en place de systèmes d'isolement sismique et l'utilisation de contreventements résistants pour stabiliser les structures.

En particulier, les bâtiments situés dans les zones à haut risque sismique doivent respecter des normes strictes de construction parasismique. Cela comprend des fondations solides, des structures souples capables de se déformer sans s'effondrer, et l'utilisation de techniques avancées pour renforcer les points faibles des édifices. La modernisation des bâtiments existants, connue sous le nom de rétrofit sismique, est également une pratique courante pour améliorer la résistance des structures déjà en place.

Pour des informations complémentaires sur les technologies et les recherches récentes dans le domaine de la construction parasismique, ainsi que sur l'évolution des méthodes de construction résistantes aux séismes, veuillez vous référer au chapitre 5. Ce dernier explore en détail l'histoire des découvertes sismologiques, les instruments de mesure utilisés, et les avancées technologiques qui ont façonné les pratiques actuelles en matière de construction résistante aux séismes.

3.4. La planification urbaine dans les zones à risque

La planification urbaine joue un rôle crucial dans la réduction de la vulnérabilité aux séismes. Une bonne planification peut limiter les dégâts en évitant de construire dans les zones les plus à risque, comme les pentes instables, les zones côtières sujettes aux tsunamis, et les sols meubles.

Cartographie des risques : Les autorités locales doivent identifier et cartographier les zones à haut risque sismique. Ces cartes doivent être utilisées pour orienter le développement urbain et éviter la construction dans les zones les plus dangereuses.

Zonage et régulation : Les politiques de zonage peuvent être utilisées pour limiter la densité de population dans les zones à haut risque et pour imposer des exigences de construction plus strictes. Par exemple, les hôpitaux, écoles et autres infrastructures critiques ne devraient pas être situés dans des zones sujettes à des secousses importantes.

Espaces ouverts : Dans les villes densément peuplées, la planification doit inclure des espaces ouverts où les habitants peuvent se réfugier en cas de séisme. Ces espaces doivent être facilement accessibles et suffisamment grands pour accueillir de grandes foules.

3.5. L'importance de l'éducation et de la préparation

Outre la construction et la planification, l'éducation et la préparation de la population sont essentielles pour réduire les risques sismiques. Les citoyens doivent être informés des dangers et formés à réagir correctement en cas de tremblement de terre.

Programmes de sensibilisation : Les autorités locales et les organisations non gouvernementales doivent mettre en place des programmes de sensibilisation pour informer la population des risques sismiques et des mesures de sécurité à prendre.

Exercices de simulation : Les exercices de simulation réguliers peuvent aider à préparer les communautés à réagir rapidement et efficacement en cas de séisme. Ces exercices doivent inclure des scénarios réalistes et impliquer tous les segments de la société, y compris les écoles, les entreprises et les services de secours.

CHAPITRE 4
Préparation et réponse aux séismes

Face à l'inévitabilité des séismes, la préparation et la réponse adéquates sont cruciales pour minimiser les pertes en vies humaines et les dégâts matériels. Ce chapitre explore les différentes stratégies que les individus, les familles, les communautés et les autorités peuvent adopter pour se préparer aux tremblements de terre et réagir efficacement lorsque le sol se met à trembler.

4.1. La préparation individuelle et familiale

Bien que les procédures décrites dans ce chapitre soient particulièrement pertinentes pour les zones sismiques, elles s'appliquent également à d'autres types de catastrophes naturelles, telles que les ouragans, les inondations ou les incendies. La préparation commence à un niveau personnel. Chaque individu et chaque famille doit être conscient des risques spécifiques à leur région et prendre des mesures pour se protéger avant qu'une catastrophe ne se produise.

Créer un plan d'urgence familial : Chaque famille doit avoir un plan d'urgence qui comprend des points de rencontre, des numéros de téléphone d'urgence, et des instructions claires sur ce qu'il faut faire en cas de séisme. Il est important que tous les membres de la famille, y compris les enfants, connaissent ce plan.

Préparer un kit de survie : Un kit de survie de base doit être préparé et facilement accessible. Ce kit doit inclure de l'eau potable (au moins trois litres par personne par jour), des aliments non périssables, une trousse de premiers secours, des lampes de poche, des piles, des couvertures, des vêtements de rechange, et des copies des documents essentiels.

Sécuriser le domicile : Les objets lourds, comme les étagères et les téléviseurs, doivent être solidement fixés au mur pour éviter qu'ils ne tombent lors d'un séisme. Il est également conseillé de vérifier les points d'entrée de gaz, d'électricité et d'eau pour s'assurer qu'ils peuvent être facilement coupés en cas d'urgence.

En cas de séisme, il est essentiel de savoir quoi faire pour se protéger efficacement. Voici les consignes de base, ainsi que quelques recommandations supplémentaires :

S'abriter sous un meuble solide : Dès que les secousses commencent, placez-vous sous une table robuste, un bureau, ou tout autre meuble solide. Cette position vous protégera des objets qui pourraient tomber du plafond ou des étagères.

S'éloigner des fenêtres et des murs extérieurs : Restez à l'écart des fenêtres, miroirs, vitrages, et des murs extérieurs, car le verre pourrait se briser et les murs pourraient s'effondrer. Si vous êtes à l'intérieur, essayez de rester au centre de la pièce.

Ne pas courir à l'extérieur pendant les secousses : Il est généralement recommandé de ne pas sortir pendant les secousses, sauf si vous êtes au rez-de-chaussée et que vous pouvez atteindre rapidement un espace ouvert et sûr. Courir à l'extérieur expose à des dangers supplémentaires, comme la chute de débris, de tuiles ou de vitres brisées. Il est souvent plus sûr de rester à l'intérieur, sous une protection, jusqu'à ce que les secousses cessent.

Couvrir la tête et le cou : Si vous n'avez pas de meuble sous lequel vous abriter, protégez votre tête et votre cou avec vos bras, un oreiller, ou tout autre objet à portée de main. Cette protection peut aider à prévenir les blessures causées par les débris.

S'éloigner des objets lourds ou suspendus : Évitez de rester à proximité d'objets lourds tels que des bibliothèques, des téléviseurs, ou des lustres qui pourraient tomber. Si possible, déplacez-vous dans un endroit plus sûr.

Si vous êtes à l'extérieur : Éloignez-vous des bâtiments, des arbres, des poteaux électriques et d'autres structures susceptibles de s'effondrer ou de tomber. Trouvez un espace ouvert et restez-y jusqu'à ce que les secousses cessent.

Si vous êtes en voiture : Arrêtez-vous dès que possible, mais évitez de vous garer sous des ponts, des viaducs, ou près de bâtiments. Restez dans la voiture jusqu'à la fin des secousses, car elle peut offrir une certaine protection contre les débris.

Évitez les ascenseurs : Ne prenez jamais l'ascenseur pendant un séisme. Les coupures de courant ou les dommages aux câbles pourraient vous piéger à l'intérieur.

Après les secousses : Vérifiez votre environnement immédiat pour détecter tout danger potentiel, comme les fuites de gaz, les fils électriques tombés, ou les débris. Si vous devez quitter le bâtiment, faites-le calmement et prudemment, en utilisant les escaliers plutôt que les ascenseurs.

Restez informé : Écoutez la radio ou utilisez votre téléphone pour obtenir des informations sur la situation, les répliques éventuelles et les instructions des autorités locales.

4.2. La préparation au niveau communautaire

Comme pour le chapitre précédent, ces consignes sont particulièrement destinées aux zones sismiques, mais elles s'appliquent également à tous les lieux où votre habitation est soumise à un aléa naturel, qu'il s'agisse d'inondations, de glissements de terrain, ou d'autres catastrophes. Les communautés jouent un rôle vital dans la préparation aux catastrophes. Une réponse collective et coordonnée peut sauver des vies et accélérer la reprise après un événement dévastateur.

Formations et Exercices de Simulation : Les autorités locales doivent organiser régulièrement des exercices de simulation pour préparer les résidents à réagir de manière appropriée en cas de séisme ou d'autres catastrophes. Ces exercices doivent inclure des scénarios réalistes et impliquer tous les segments de la communauté, y compris les écoles, les entreprises et les services publics.

Plans d'Urgence Communautaires : Chaque communauté doit disposer d'un plan d'urgence bien défini, incluant des zones de rassemblement sécurisées, des voies d'évacuation et des centres de secours. Ces plans doivent être largement diffusés et régulièrement mis à jour pour rester efficaces face aux différentes menaces naturelles.

Réseaux de Communication d'Urgence : En cas de catastrophe, les communications peuvent être interrompues. Les communautés doivent donc établir des réseaux de communication d'urgence, tels que des radios à ondes courtes ou des messageries d'urgence, pour maintenir le contact entre les services de secours et les résidents.

Sensibilisation du Public : Les autorités doivent mettre en œuvre des programmes de sensibilisation pour informer le public sur les risques sismiques ou autres aléas, ainsi que sur les mesures de sécurité à prendre. Ces programmes peuvent inclure des brochures, des ateliers et des campagnes sur les réseaux sociaux pour toucher le plus grand nombre de personnes.

4.3. La réponse immédiate au séisme

Lorsqu'un séisme se produit, les premières minutes sont cruciales. La réponse immédiate doit être rapide, efficace et coordonnée.

Évaluation rapide des dégâts : Immédiatement après un séisme, il est important d'évaluer les dégâts pour identifier les zones les plus touchées et les besoins urgents. Cela inclut l'inspection des bâtiments, des infrastructures de transport, et des services publics comme l'eau et l'électricité.

Coordination des secours : Les services d'urgence doivent être prêts à intervenir rapidement. La coordination entre les différentes agences (pompiers, services médicaux, police, etc.) est essentielle pour assurer une réponse efficace. Les équipes de secours doivent être formées pour effectuer des opérations de sauvetage, de premiers soins, et de rétablissement des services essentiels.

Soutien psychologique : Les séismes peuvent causer des traumatismes psychologiques importants. Les victimes doivent avoir accès à un soutien psychologique dès que possible, pour les aider à surmonter la peur, le stress, et l'impact émotionnel immédiat.

4.4. La gestion des secours et de la reconstruction

Après la réponse immédiate, l'attention se tourne vers les efforts de secours à plus long terme et la reconstruction.

Assistance humanitaire : Les autorités locales, avec le soutien des organisations nationales et internationales, doivent fournir une assistance humanitaire aux victimes. Cela comprend l'accès à l'eau potable, la nourriture, un abri temporaire et des soins médicaux.

Reconstruction des infrastructures : La reconstruction des infrastructures doit commencer dès que possible. Cela inclut non seulement la réparation des routes, des ponts et des bâtiments publics, mais aussi la reconstruction des habitations privées. La reconstruction doit se faire en tenant compte des normes de construction antisismique pour réduire les risques futurs.

Revitalisation économique : Les séismes peuvent avoir des effets dévastateurs sur l'économie locale. Des efforts doivent être faits pour relancer l'activité économique, en particulier pour les petites entreprises qui peuvent être gravement touchées. Les gouvernements doivent envisager des mesures de soutien économique, telles que des prêts à faible taux d'intérêt ou des subventions pour aider les entreprises à se remettre sur pied.

Évaluation et amélioration des plans : Après chaque séisme, il est crucial de procéder à une évaluation des actions menées pour identifier les points forts et les lacunes. Cette évaluation permet d'améliorer les plans de préparation et de réponse pour les rendre plus efficaces face à de futures catastrophes.

CHAPITRE 5
La recherche
et les technologies modernes

Les séismes, malgré leur imprévisibilité, ont toujours poussé l'humanité à chercher des moyens de mieux les comprendre et de s'y préparer. Au fil des décennies, les avancées scientifiques et technologiques ont radicalement changé notre approche des tremblements de terre, en améliorant notre capacité à prévoir, à détecter et à atténuer les dégâts qu'ils causent. Ce chapitre explore les principales innovations dans le domaine de la sismologie et les technologies modernes qui contribuent à rendre nos sociétés plus résilientes face à ces catastrophes naturelles.

5.1. La Sismologie :
Comprendre les Tremblements de Terre

La sismologie est la science qui étudie les séismes et les ondes sismiques qu'ils génèrent. Depuis les premières observations jusqu'aux modèles sophistiqués d'aujourd'hui, cette discipline a connu des progrès significatifs.

Les Premières Découvertes : Les premières études systématiques des séismes remontent à l'Antiquité, mais c'est au 19e siècle que la sismologie moderne a véritablement pris son essor, avec l'invention du sismographe, un instrument permettant de détecter et de mesurer les ondes sismiques. Ces premières mesures ont fourni des données cruciales pour comprendre la propagation des ondes à travers la Terre et pour localiser les foyers sismiques.

La Théorie des Plaques Tectoniques : Dans les années 1960, la théorie des plaques tectoniques a révolutionné notre compréhension des séismes. Cette théorie, qui explique que la croûte terrestre est divisée en plaques mobiles, a permis de relier les séismes aux mouvements des plaques tectoniques, ouvrant la voie à une meilleure compréhension des causes des tremblements de terre.

Les Réseaux Sismiques Modernes : Aujourd'hui, les sismologues utilisent des réseaux mondiaux de sismographes pour surveiller en temps réel l'activité sismique. Ces réseaux permettent de détecter les séismes n'importe où dans le monde en quelques minutes, de déterminer leur magnitude et leur localisation, et de fournir des données essentielles pour les études scientifiques et les interventions d'urgence.

5.2. Les Systèmes d'Alerte Précoce

L'une des avancées les plus importantes dans la gestion des risques sismiques est le développement des Systèmes d'Alerte Précoce (SAP). Ces systèmes, qui utilisent les ondes sismiques pour détecter un séisme et émettre une alerte avant que les secousses les plus destructrices n'atteignent une zone donnée, peuvent sauver des vies et réduire les dommages matériels.

Fonctionnement des SAP : Lorsqu'un séisme se produit, les ondes sismiques se propagent à différentes vitesses. Les ondes P (primaires) se déplacent plus rapidement que les ondes S (secondaires), qui sont plus destructrices. Les SAP détectent les ondes P et utilisent ce délai pour envoyer une alerte avant l'arrivée des ondes S. Le temps d'alerte peut varier de quelques secondes à quelques minutes, selon la distance entre l'épicentre et la zone à risque.

Exemples de Systèmes d'Alerte : Le Japon est un pionnier en matière de systèmes d'alerte précoce. Le système d'alerte sismique national du Japon, lancé en 2007, a déjà permis de réduire les pertes humaines et matérielles lors de plusieurs séismes. En Californie, le système ShakeAlert, encore en développement, offre également des alertes précoces à la population.

Limites et Défis : Bien que prometteurs, les Systèmes d'Alerte Précoce ne sont pas infaillibles. Leur efficacité dépend de la rapidité avec laquelle les ondes sont détectées, de la densité des réseaux de capteurs, et de la capacité de la population à réagir rapidement. Des efforts continus sont nécessaires pour améliorer ces systèmes et les rendre accessibles à un plus grand nombre de personnes dans le monde.

5.3. La Modélisation et la Simulation des Séismes

Les avancées en informatique ont permis de créer des modèles et des simulations de plus en plus précis des séismes. Ces outils sont essentiels pour comprendre le comportement des tremblements de terre et pour préparer les communautés à leurs effets.

Les Modèles de Risque Sismique : Les scientifiques utilisent des modèles pour évaluer le risque sismique dans différentes régions. Ces modèles prennent en compte les données historiques, la géologie locale, et les caractéristiques des bâtiments pour estimer la probabilité d'un séisme et les dommages potentiels. Ces informations sont cruciales pour la planification urbaine, l'assurance et la préparation aux catastrophes.

Les Simulations de Séismes : Grâce aux superordinateurs, les chercheurs peuvent désormais simuler des séismes en laboratoire. Ces simulations aident à comprendre comment les ondes sismiques se propagent à travers différents types de sols et comment elles interagissent avec les structures bâties. Elles permettent également de tester l'efficacité des techniques de construction antisismique et des stratégies d'atténuation des risques.

Les Scénarios de Séismes : Les scénarios de séismes sont des simulations d'événements hypothétiques utilisés pour la préparation aux catastrophes. Par exemple, le scénario "ShakeOut" en Californie simule un séisme majeur le long de la faille de San Andreas pour aider les communautés à se préparer à un événement de grande ampleur. Ces exercices sont essentiels pour tester les plans d'urgence et sensibiliser la population.

5.4. L'Ingénierie Sismique

L'ingénierie sismique est un domaine clé qui applique les connaissances scientifiques pour concevoir des bâtiments et des infrastructures capables de résister aux séismes. Grâce aux progrès technologiques, les ingénieurs disposent aujourd'hui d'outils sophistiqués pour rendre les constructions plus sûres.

Conception Parasismique : Les bâtiments parasismiques sont conçus pour absorber et dissiper l'énergie des secousses. Les techniques incluent l'utilisation de matériaux flexibles, la création de fondations amortissantes, et l'intégration de systèmes de contreventement pour stabiliser les structures.

Isolation Sismique : Une des techniques les plus innovantes est l'isolation sismique, qui consiste à placer des dispositifs spéciaux entre le bâtiment et ses fondations pour réduire les mouvements transmis à la structure. Cette technologie est utilisée dans des bâtiments critiques comme les hôpitaux et les ponts.

Rétrofit Sismique : Le rétrofit sismique consiste à renforcer les bâtiments existants pour les rendre conformes aux normes modernes de résistance aux séismes. Cette méthode est particulièrement importante pour les bâtiments historiques ou pour les infrastructures situées dans des zones à haut risque sismique.

5.5. L'Avenir de la Recherche Sismique

La recherche sur les séismes continue de progresser, ouvrant de nouvelles perspectives pour la prévision et la gestion des tremblements de terre.

La Prévision des Séismes : Bien que les séismes ne puissent pas encore être prévus avec précision, les scientifiques travaillent sur des méthodes pour détecter les signes avant-coureurs de tremblements de terre. Des phénomènes tels que les changements dans les niveaux de radon, les déformations du sol et les anomalies électriques sont étudiés pour évaluer leur potentiel en tant qu'indicateurs de séismes imminents.

Les Innovations Technologiques : Les technologies émergentes, telles que l'intelligence artificielle et l'apprentissage automatique, sont de plus en plus utilisées pour analyser les données sismiques et améliorer la détection précoce. De plus, les satellites fournissent des images en temps réel de la déformation de la croûte terrestre, offrant des informations précieuses pour surveiller l'activité sismique.

La Collaboration Internationale : La recherche sismique est un effort mondial, nécessitant une collaboration entre les pays et les institutions. Des initiatives telles que le Global Seismographic Network (GSN) et le projet International Continental Scientific Drilling Program (ICDP) permettent de partager des données et des connaissances pour mieux comprendre les séismes et réduire leur impact.

CHAPITRE 6
Conclusion
Vivre avec les séismes

Les séismes sont des phénomènes naturels que l'humanité ne peut ni prédire avec précision, ni prévenir. Cependant, en intégrant les connaissances accumulées à travers l'histoire, la science et la technologie, nous pouvons apprendre à vivre avec ce risque inévitable. Ce chapitre explore comment, en tant qu'individus et en tant que sociétés, nous pouvons adopter des approches résilientes pour coexister avec les séismes, minimiser leurs impacts et renforcer notre capacité à nous en relever.

6.1. La culture de la préparation

Vivre avec les séismes commence par une culture de la préparation, un ensemble d'attitudes, de connaissances et de pratiques qui permettent de réduire les risques et d'assurer une réponse efficace en cas de catastrophe.

Éducation continue : La sensibilisation et l'éducation sont des éléments essentiels pour cultiver une société résiliente. Les programmes d'éducation sur les risques sismiques doivent être intégrés aux curriculums scolaires, mais aussi être diffusés à travers des campagnes publiques pour toucher toutes les couches de la société. Plus les gens sont informés des risques et des comportements appropriés, moins ils sont vulnérables en cas de séisme.

Simulations et exercices : Des exercices réguliers de simulation de séisme aident les communautés à se préparer. Les simulations permettent de tester les plans d'urgence, d'entraîner les citoyens à réagir correctement, et d'identifier les faiblesses dans la préparation collective. En encourageant la participation de tous, ces exercices renforcent la résilience communautaire.

Réponse personnalisée : Chaque individu et chaque famille doivent avoir un plan d'urgence personnalisé, adapté à leurs besoins spécifiques. Ce plan doit inclure des stratégies pour protéger les membres les plus vulnérables, comme les enfants, les personnes âgées et les personnes handicapées, ainsi que pour assurer la continuité des soins pour les animaux domestiques.

6.2. La résilience des infrastructures

Les infrastructures, qu'il s'agisse de bâtiments, de routes ou de systèmes de communication, doivent être conçues et maintenues de manière à résister aux séismes.

Construire pour le futur : Les nouvelles constructions doivent respecter les normes antisismiques les plus strictes. Les bâtiments publics, comme les écoles et les hôpitaux, ainsi que les infrastructures critiques, doivent être conçus pour rester fonctionnels après un séisme. Investir dans une infrastructure résistante est une des meilleures stratégies à long terme pour minimiser les impacts d'un tremblement de terre.

Rétrofit et modernisation : Les bâtiments existants, en particulier ceux situés dans les zones à haut risque sismique, doivent être évalués et renforcés si nécessaire. Les projets de modernisation, ou rétrofit, permettent de rendre les structures plus sûres sans avoir à les reconstruire entièrement. Cela est particulièrement important dans les zones urbaines denses où le coût et la logistique de nouvelles constructions peuvent être prohibitifs.

Infrastructures flexibles et adaptatives : Au-delà des bâtiments, les infrastructures telles que les ponts, les réseaux d'eau et les systèmes de transport doivent être conçues pour absorber les chocs sismiques et se rétablir rapidement. L'intégration de technologies avancées, comme les matériaux intelligents et les systèmes de surveillance en temps réel, peut améliorer la résilience de ces infrastructures.

6.3. La planification urbaine et territoriale

Une bonne planification urbaine et territoriale est cruciale pour minimiser les risques liés aux séismes et pour assurer un développement durable et sûr.

Éviter les zones à haut risque : Les zones identifiées comme étant particulièrement vulnérables aux séismes, comme les failles actives et les sols meubles, devraient être évitées pour les nouvelles constructions. La planification urbaine doit intégrer des cartes de risques sismiques pour orienter le développement et protéger les populations.

Développement contrôlé : La croissance des villes doit être gérée de manière à éviter la surpopulation dans les zones à risque. Les politiques de zonage doivent être strictes et faire respecter les normes de construction antisismique. De plus, la création d'espaces ouverts, qui peuvent servir de zones de refuge en cas de séisme, est essentielle pour assurer la sécurité des habitants.

Plans d'évacuation et de réponse : Les villes et les régions doivent disposer de plans d'évacuation clairs et de centres de coordination d'urgence. Ces plans doivent être régulièrement mis à jour et testés à travers des exercices. Une planification efficace peut faire la différence entre une catastrophe gérable et un désastre complet.

6.4. La solidarité et l'engagement communautaire

La résilience face aux séismes ne dépend pas seulement des infrastructures et des plans, mais aussi de la force des communautés et de la solidarité entre les individus.

Renforcement du tissu social : Des communautés solidaires, où les voisins se connaissent et sont prêts à s'entraider, sont plus résilientes en cas de catastrophe. Les initiatives locales, telles que les groupes de préparation communautaire, jouent un rôle clé dans la création de réseaux de soutien mutuel.

Participation citoyenne : Impliquer les citoyens dans la planification et la préparation aux séismes renforce leur engagement et leur responsabilité. Les autorités doivent encourager la participation active des résidents dans les processus décisionnels liés à la gestion des risques sismiques.

Soutien post-catastrophe : Après un séisme, le soutien communautaire est crucial pour la récupération. Les réseaux de volontaires, les groupes d'entraide et les organisations non gouvernementales jouent un rôle essentiel dans la distribution de l'aide, le soutien psychologique et la reconstruction. Favoriser l'engagement communautaire avant une catastrophe renforce la capacité d'une société à se relever rapidement.

6.5. La préparation pour un monde en mutation

À mesure que les environnements urbains continuent de croître et que les défis climatiques se multiplient, la préparation aux séismes doit évoluer pour répondre à ces nouvelles réalités.

L'Impact du changement climatique : Le changement climatique peut exacerber certains aspects des risques sismiques, par exemple en provoquant des glissements de terrain ou des tsunamis. Il est important que les stratégies de préparation tiennent compte des interactions potentielles entre les séismes et d'autres catastrophes naturelles.

Innovations technologiques : L'innovation continuera de jouer un rôle crucial dans la préparation aux séismes. Les technologies émergentes, telles que les réseaux de capteurs intelligents, les systèmes d'alerte avancés et les matériaux de construction de nouvelle génération, offriront de nouvelles possibilités pour améliorer la résilience.

L'Adaptation continue : Les plans et les infrastructures doivent être constamment réévalués et adaptés pour rester efficaces face aux nouveaux défis. La résilience face aux séismes n'est pas un état statique, mais un processus continu d'apprentissage, d'adaptation et d'amélioration.

Mon engagement au service de la prévention et du secours

Les séismes, bien qu'imprévisibles, ne sont pas inéluctables dans leurs conséquences. Grâce aux avancées scientifiques, aux technologies modernes et aux pratiques de construction parasismique, nous avons aujourd'hui les moyens de mieux comprendre, préparer et répondre à ces phénomènes naturels. Cependant, je crois fermement que la véritable résilience face aux séismes réside dans l'engagement collectif et la préparation individuelle.

En tant que Président Fondateur du Groupe de Secours Catastrophe Français (GSCF), une organisation non gouvernementale que j'ai créée avec la volonté de protéger et de secourir les populations vulnérables lors de catastrophes naturelles, j'ai eu l'occasion de constater directement les effets dévastateurs des séismes. À ce jour, j'ai participé à de nombreuses catastrophes à travers le monde, incluant plus d'une quinzaine de séismes. Ces expériences m'ont profondément marqué et ont renforcé ma conviction de l'importance de la préparation et de la prévention.

Je suis particulièrement fier du travail accompli par le GSCF lors de nos interventions. En 2015, au Népal, nous avons été la seule organisation internationale à localiser et sauver deux personnes piégées sous les décombres. Plus récemment, en 2023, lors de notre intervention sur le séisme en Turquie, trois personnes ont été extraites des décombres par nos équipes. Ces réussites ne sont pas seulement des victoires pour notre organisation, mais des témoignages du pouvoir de la préparation, de la détermination et de l'action collective face aux catastrophes.

Cet ouvrage reflète non seulement les connaissances et les pratiques que j'ai développées au fil des ans, mais aussi mon engagement personnel à partager ces outils avec vous. Mon but est de fournir à chacun – que vous soyez secouriste, responsable de la planification, enseignant ou citoyen concerné – les moyens de mieux comprendre les séismes et de se préparer à y faire face. Ce livre n'est pas seulement un guide théorique ; il est conçu comme un manuel pratique, issu de mon expérience, pour aider à construire une société plus résiliente.

Je continue de m'impliquer activement dans la prévention et la gestion des séismes, en collaborant avec des gouvernements, des organisations internationales et des communautés locales. Mon engagement au sein du GSCF va bien au-delà d'une simple fonction de président : c'est une véritable vocation qui me pousse chaque jour à rechercher des moyens d'améliorer la sécurité et la résilience des populations face aux forces imprévisibles de la nature.

Je vous invite à utiliser les informations et les conseils contenus dans ce livre pour non seulement vous protéger, mais aussi pour contribuer à une culture de la prévention qui pourra, un jour, sauver des vies.

Dépôt légal :
Août 2024